Dear Parents,
Welcome to this journey into the world of mathematics education with the Learn With Tia, LLC series of educational math books! As your child embarks on the exciting adventure of learning math, we want to share with you the profound impact that repetition and positive affirmations can have on their mathematical development and overall confidence.

The purpose of this math book is to engage your child in the regular repetition of learning math. Children gain a deeper comprehension of mathematical concepts through repetition, which allows them to internalize essential skills in not only math, but other areas of their educational journey. This process not only boosts their problem-solving abilities but also instills a sense of familiarity and confidence when faced with mathematical challenges. Through repetition, your child's mathematical knowledge becomes ingrained, providing a solid foundation for future learning and application.

Equally important to the learning process is the power of positive affirmations, which you will see at the top of every page.

Thank you for entrusting us with your child's education. We look forward to the shared joys and achievements that lie ahead.
Sincerely,
Shay T. Robinson
Learn With Tia, LLC

Hi! My name is Tia. What's your name? Please to meet you. Good luck with your math work!

_____

Name

Intentionally Left Blank

Are you ready? You got this!

1) 12
+ 38

2) 75
+ 54

3) 42
+ 97

4) 53
+ 78

5) 95
+ 72

6) 54
+ 71

7) 22
+ 52

8) 54
+ 58

9) 61
+ 15

10) 11
+ 46

11) 27
+ 59

12) 35
+ 87

13) 28
+ 43

14) 13
+ 57

15) 92
+ 66

16) 68
+ 73

17) 40
+ 28

18) 57
+ 57

19) 95
+ 36

20) 50
+ 93

21) 26
+ 71

22) 90
+ 98

23) 26
+ 43

24) 72
+ 24

25) 56
+ 33

26) 33
+ 95

27) 20
+ 60

28) 33
+ 33

Have a great math day!

1)   98
  + ____
   148

2)   24
  + ____
   116

3)   97
  + ____
   169

4)   71
  + ____
   95

5)   97
  + ____
   138

6)   90
  + ____
   177

7)   77
  + ____
   155

8)   98
  + ____
   136

9)   10
  + ____
   97

10)   24
  + ____
   87

11)   98
  + ____
   184

12)   14
  + ____
   66

13)   53
  + ____
   128

14)   21
  + ____
   110

15)   58
  + ____
   155

16)   51
  + ____
   75

17)   97
  + ____
   170

18)   25
  + ____
   85

19)   27
  + ____
   62

20)   47
  + ____
   80

21)   54
  + ____
   87

22)   61
  + ____
   99

23)   29
  + ____
   74

24)   22
  + ____
   57

25)   42
  + ____
   115

26)   61
  + ____
   88

27)   24
  + ____
   119

28)   72
  + ____
   115

Don't let mistakes discourage you.

1)   55
   +____
     80

2)   61
   +____
    153

3)   12
   +____
     58

4)   69
   +____
     89

5)   53
   +____
    108

6)   99
   +____
    128

7)   93
   +____
    177

8)   17
   +____
     99

9)   69
   +____
    160

10) 36
   +____
    101

11) 42
   +____
     68

12) 21
   +____
     39

13) 40
   +____
     79

14) 47
   +____
     72

15) 89
   +____
    111

16) 59
   +____
     69

17) 50
   +____
    127

18) 41
   +____
     52

19) 21
   +____
     32

20) 58
   +____
    145

21) 95
   +____
    170

22) 15
   +____
    103

23) 68
   +____
    167

24) 42
   +____
    110

25) 50
   +____
     61

26) 93
   +____
    170

27) 52
   +____
     93

28) 88
   +____
    145

Learn from your mistakes. Learning is fun!

1)
```
    1   3
        2
+   2   3
_____
```

2)
```
    3   4
        1
+   6   2
_____
```

3)
```
    8   9
    2   9
+   9   3
_____
```

4)
```
    8   1
    3   3
+       6
_____
```

5)
```
    5   2
    9   3
+   5   8
_____
```

6)
```
    3   4
    1   2
+   3   9
_____
```

7)
```
    6   1
    1   9
+   2   4
_____
```

8)
```
    9   7
    8   2
+   3   3
_____
```

9)
```
    4   9
    7   0
+   1   9
_____
```

10)
```
    5   2
    5   8
+   2   1
_____
```

11)
```
    2   3
    1   3
+   2   1
_____
```

12)
```
    4   6
    9   6
+   9   3
_____
```

Keep trying! You will succeed.

1)
```
    5 0
    7 4
+   4 4
_____
```

2)
```
    7 6
    2 2
+   5 3
_____
```

3)
```
    4 3
    8 0
+   5 3
_____
```

4)
```
    7 6
    6 7
+   8 8
_____
```

5)
```
    3 6
      4
+   3 8
_____
```

6)
```
    3 0
    5 8
+   4 1
_____
```

7)
```
      6
    8 7
+   4 5
_____
```

8)
```
    2 0
    7 2
+   4 1
_____
```

9)
```
    6 9
    6 1
+   4 5
_____
```

10)
```
    5 0
    9 5
+   4 8
_____
```

11)
```
    2 9
    6 7
+   1 1
_____
```

12)
```
    5 8
    8 6
+   6 3
_____
```

Always remember to do your best!

1)
$$\begin{array}{r} 37 \\ + \\ \hline 100 \end{array}$$

2)
$$\begin{array}{r} 86 \\ + \\ \hline 153 \end{array}$$

3)
$$\begin{array}{r} 94 \\ + \\ \hline 122 \end{array}$$

4)
$$\begin{array}{r} 26 \\ + \\ \hline 95 \end{array}$$

5)
$$\begin{array}{r} 91 \\ + \\ \hline 175 \end{array}$$

6)
$$\begin{array}{r} 92 \\ + \\ \hline 182 \end{array}$$

7)
$$\begin{array}{r} 30 \\ + \\ \hline 79 \end{array}$$

8)
$$\begin{array}{r} 89 \\ + \\ \hline 145 \end{array}$$

9)
$$\begin{array}{r} 38 \\ + \\ \hline 101 \end{array}$$

10)
$$\begin{array}{r} 29 \\ + \\ \hline 47 \end{array}$$

11)
$$\begin{array}{r} 25 \\ + \\ \hline 99 \end{array}$$

12)
$$\begin{array}{r} 77 \\ + \\ \hline 167 \end{array}$$

13)
$$\begin{array}{r} 95 \\ + \\ \hline 127 \end{array}$$

14)
$$\begin{array}{r} 15 \\ + \\ \hline 106 \end{array}$$

15)
$$\begin{array}{r} 86 \\ + \\ \hline 141 \end{array}$$

Keep going. You can do it!

1)
$$77 + 95$$

2)
$$58 + 84$$

3)
$$44 + 30$$

4)
$$43 + 66$$

5)
$$80 + 28$$

6)
$$37 + 47$$

7)
$$54 + 86$$

8)
$$48 + 17$$

9)
$$67 + 69$$

10)
$$96 + 15$$

11)
$$88 + 18$$

12)
$$25 + 84$$

13)
$$56 + 44$$

14)
$$30 + 20$$

15)
$$12 + 49$$

16)
$$16 + 19$$

17)
$$90 + 19$$

18)
$$13 + 26$$

19)
$$91 + 48$$

20)
$$43 + 78$$

21)
$$58 + 71$$

22)
$$56 + 42$$

23)
$$42 + 58$$

24)
$$87 + 70$$

25)
$$63 + 28$$

26)
$$99 + 20$$

27)
$$98 + 49$$

28)
$$95 + 42$$

Have a great learning day!

1) $\begin{array}{r} 40 \\ + \\ \hline 100 \end{array}$

2) $\begin{array}{r} 98 \\ + \\ \hline 183 \end{array}$

3) $\begin{array}{r} 41 \\ + \\ \hline 108 \end{array}$

4) $\begin{array}{r} 42 \\ + \\ \hline 91 \end{array}$

5) $\begin{array}{r} 78 \\ + \\ \hline 92 \end{array}$

6) $\begin{array}{r} 48 \\ + \\ \hline 121 \end{array}$

7) $\begin{array}{r} 65 \\ + \\ \hline 149 \end{array}$

8) $\begin{array}{r} 30 \\ + \\ \hline 63 \end{array}$

9) $\begin{array}{r} 13 \\ + \\ \hline 60 \end{array}$

10) $\begin{array}{r} 47 \\ + \\ \hline 63 \end{array}$

11) $\begin{array}{r} 44 \\ + \\ \hline 63 \end{array}$

12) $\begin{array}{r} 74 \\ + \\ \hline 108 \end{array}$

13) $\begin{array}{r} 26 \\ + \\ \hline 85 \end{array}$

14) $\begin{array}{r} 78 \\ + \\ \hline 128 \end{array}$

15) $\begin{array}{r} 24 \\ + \\ \hline 71 \end{array}$

16) $\begin{array}{r} 14 \\ + \\ \hline 32 \end{array}$

17) $\begin{array}{r} 69 \\ + \\ \hline 113 \end{array}$

18) $\begin{array}{r} 27 \\ + \\ \hline 103 \end{array}$

19) $\begin{array}{r} 24 \\ + \\ \hline 89 \end{array}$

20) $\begin{array}{r} 15 \\ + \\ \hline 80 \end{array}$

21) $\begin{array}{r} 48 \\ + \\ \hline 92 \end{array}$

22) $\begin{array}{r} 41 \\ + \\ \hline 122 \end{array}$

23) $\begin{array}{r} 18 \\ + \\ \hline 42 \end{array}$

24) $\begin{array}{r} 77 \\ + \\ \hline 94 \end{array}$

25) $\begin{array}{r} 32 \\ + \\ \hline 82 \end{array}$

26) $\begin{array}{r} 53 \\ + \\ \hline 126 \end{array}$

27) $\begin{array}{r} 89 \\ + \\ \hline 137 \end{array}$

28) $\begin{array}{r} 30 \\ + \\ \hline 64 \end{array}$

You are great because you are you!

1)
```
    8 5
+
1 8 4
```

2)
```
    8 7
+
1 0 1
```

3)
```
    7 8
+
    9 5
```

4)
```
    3 1
+
    4 9
```

5)
```
    1 3
+
    2 7
```

6)
```
    1 0
+
    4 2
```

7)
```
    5 8
+
1 0 7
```

8)
```
    5 9
+
1 2 9
```

9)
```
    2 0
+
    4 6
```

10)
```
    7 4
+
1 0 4
```

11)
```
    6 0
+
1 3 3
```

12)
```
    4 9
+
    7 4
```

13)
```
    6 7
+
1 5 7
```

14)
```
    1 0
+
    9 5
```

15)
```
    8 4
+
1 2 4
```

Page 9

Don't be afraid to ask for help.

1)
$$\begin{array}{r} 61 \\ + \\ \hline 126 \end{array}$$

2)
$$\begin{array}{r} 12 \\ + \\ \hline 91 \end{array}$$

3)
$$\begin{array}{r} 13 \\ + \\ \hline 52 \end{array}$$

4)
$$\begin{array}{r} 43 \\ + \\ \hline 127 \end{array}$$

5)
$$\begin{array}{r} 26 \\ + \\ \hline 41 \end{array}$$

6)
$$\begin{array}{r} 12 \\ + \\ \hline 29 \end{array}$$

7)
$$\begin{array}{r} 19 \\ + \\ \hline 73 \end{array}$$

8)
$$\begin{array}{r} 79 \\ + \\ \hline 176 \end{array}$$

9)
$$\begin{array}{r} 88 \\ + \\ \hline 125 \end{array}$$

10)
$$\begin{array}{r} 94 \\ + \\ \hline 138 \end{array}$$

11)
$$\begin{array}{r} 75 \\ + \\ \hline 136 \end{array}$$

12)
$$\begin{array}{r} 99 \\ + \\ \hline 125 \end{array}$$

13)
$$\begin{array}{r} 13 \\ + \\ \hline 28 \end{array}$$

14)
$$\begin{array}{r} 93 \\ + \\ \hline 149 \end{array}$$

15)
$$\begin{array}{r} 83 \\ + \\ \hline 130 \end{array}$$

16)
$$\begin{array}{r} 24 \\ + \\ \hline 57 \end{array}$$

17)
$$\begin{array}{r} 25 \\ + \\ \hline 123 \end{array}$$

18)
$$\begin{array}{r} 52 \\ + \\ \hline 140 \end{array}$$

19)
$$\begin{array}{r} 90 \\ + \\ \hline 132 \end{array}$$

20)
$$\begin{array}{r} 86 \\ + \\ \hline 144 \end{array}$$

21)
$$\begin{array}{r} 86 \\ + \\ \hline 121 \end{array}$$

22)
$$\begin{array}{r} 77 \\ + \\ \hline 104 \end{array}$$

23)
$$\begin{array}{r} 95 \\ + \\ \hline 177 \end{array}$$

24)
$$\begin{array}{r} 61 \\ + \\ \hline 133 \end{array}$$

25)
$$\begin{array}{r} 23 \\ + \\ \hline 94 \end{array}$$

26)
$$\begin{array}{r} 12 \\ + \\ \hline 49 \end{array}$$

27)
$$\begin{array}{r} 29 \\ + \\ \hline 108 \end{array}$$

28)
$$\begin{array}{r} 91 \\ + \\ \hline 104 \end{array}$$

It's cool to learn math!

1)
```
    4  0
+
 1  3  2
```

2)
```
    5  9
+
 1  1  5
```

3)
```
    5  2
+
 1  3  7
```

4)
```
    4  2
+
 1  2  2
```

5)
```
    3  0
+
    4  6
```

6)
```
    6  9
+
    8  0
```

7)
```
    1  8
+
 1  0  4
```

8)
```
    2  0
+
    9  9
```

9)
```
    4  6
+
 1  3  5
```

10)
```
    9  9
+
 1  8  2
```

11)
```
    8  1
+
    9  3
```

12)
```
    3  6
+
 1  3  2
```

13)
```
    8  3
+
 1  6  0
```

14)
```
    2  3
+
    8  8
```

15)
```
    7  7
+
 1  1  2
```

I hope you are having fun today!

1)
```
    4   8
    6   2
+   3   7
─────────
```

2)
```
    7   6
    8   8
+   3   7
─────────
```

3)
```
    8   6
    3   7
+   1   1
─────────
```

4)
```
    4   6
    9   7
+   6   5
─────────
```

5)
```
    6   5
    7   0
+   2   3
─────────
```

6)
```
    3   3
        3
+   1   9
─────────
```

7)
```
    1   7
    7   7
+   2   6
─────────
```

8)
```
    5   2
        8
+   9   6
─────────
```

9)
```
        8
        1
+   9   9
─────────
```

10)
```
    2   2
    6   3
+   2   7
─────────
```

11)
```
    7   0
    6   2
+       7
─────────
```

12)
```
    4   7
    1   5
+   9   9
─────────
```

Math is not always easy, but do your best!

1)
```
    4 1
+
    6 3
```

2)
```
    8 7
+
  1 2 7
```

3)
```
    2 3
+
    3 5
```

4)
```
    4 5
+
  1 1 1
```

5)
```
    7 7
+
  1 4 4
```

6)
```
    4 8
+
  1 2 5
```

7)
```
    1 0
+
    9 4
```

8)
```
    7 4
+
  1 1 1
```

9)
```
    1 9
+
  1 0 0
```

10)
```
    2 5
+
  1 0 2
```

11)
```
    1 9
+
  1 0 7
```

12)
```
    4 9
+
    8 0
```

13)
```
    8 7
+
    9 7
```

14)
```
    3 6
+
    4 7
```

15)
```
    6 9
+
    9 9
```

Don't be afraid to ask questions.

1)
```
    8 1
 +
  1 5 1
```

2)
```
    8 2
 +
    9 9
```

3)
```
    9 3
 +
  1 7 1
```

4)
```
    1 7
 +
    3 2
```

5)
```
    7 3
 +
  1 5 0
```

6)
```
    2 3
 +
    6 8
```

7)
```
    2 8
 +
    9 0
```

8)
```
    6 3
 +
    9 0
```

9)
```
    1 2
 +
    4 5
```

10)
```
    5 9
 +
    8 9
```

11)
```
    8 0
 +
  1 5 5
```

12)
```
    5 6
 +
  1 5 5
```

13)
```
    7 3
 +
    8 6
```

14)
```
    1 9
 +
  1 1 4
```

15)
```
    2 9
 +
  1 0 8
```

Help your friends if they need help.

1)
$$\begin{array}{cc} & 1 & 3 \\ + & & \\ \hline & 9 & 9 \end{array}$$

2)
$$\begin{array}{ccc} & & 8 & 5 \\ + & & & \\ \hline & 1 & 0 & 5 \end{array}$$

3)
$$\begin{array}{ccc} & & 8 & 5 \\ + & & & \\ \hline & 1 & 2 & 8 \end{array}$$

4)
$$\begin{array}{cc} & 5 & 6 \\ + & & \\ \hline & 9 & 9 \end{array}$$

5)
$$\begin{array}{ccc} & & 8 & 2 \\ + & & & \\ \hline & 1 & 4 & 0 \end{array}$$

6)
$$\begin{array}{cc} & 8 & 0 \\ + & & \\ \hline & 9 & 4 \end{array}$$

7)
$$\begin{array}{cc} & 3 & 8 \\ + & & \\ \hline & 4 & 8 \end{array}$$

8)
$$\begin{array}{ccc} & & 5 & 4 \\ + & & & \\ \hline & 1 & 4 & 4 \end{array}$$

9)
$$\begin{array}{ccc} & & 8 & 0 \\ + & & & \\ \hline & 1 & 6 & 3 \end{array}$$

10)
$$\begin{array}{cc} & 3 & 2 \\ + & & \\ \hline & 6 & 3 \end{array}$$

11)
$$\begin{array}{cc} & 2 & 4 \\ + & & \\ \hline & 6 & 1 \end{array}$$

12)
$$\begin{array}{ccc} & & 8 & 0 \\ + & & & \\ \hline & 1 & 2 & 5 \end{array}$$

13)
$$\begin{array}{cc} & 1 & 3 \\ + & & \\ \hline & 9 & 5 \end{array}$$

14)
$$\begin{array}{cc} & 6 & 9 \\ + & & \\ \hline & 9 & 1 \end{array}$$

15)
$$\begin{array}{cc} & 3 & 3 \\ + & & \\ \hline & 7 & 9 \end{array}$$

Think positive!

1) 86
   + 60

2) 88
   + 34

3) 68
   + 87

4) 22
   + 73

5) 78
   + 99

6) 25
   + 56

7) 70
   + 54

8) 34
   + 54

9) 31
   + 84

10) 95
    + 30

11) 51
    + 33

12) 90
    + 93

13) 89
    + 40

14) 92
    + 64

15) 83
    + 86

16) 10
    + 57

17) 69
    + 74

18) 90
    + 13

19) 91
    + 38

20) 31
    + 21

21) 45
    + 92

22) 53
    + 76

23) 14
    + 36

24) 68
    + 85

25) 51
    + 80

26) 23
    + 91

27) 81
    + 70

28) 57
    + 33

Keep it up. You are doing great!

1)
```
    7 4
    5 0
+   5 0
_____
```

2)
```
    1 5
    1 1
+   3 0
_____
```

3)
```
      0
    8 6
+   4 9
_____
```

4)
```
    1 2
    1 4
+   6 5
_____
```

5)
```
    5 5
    7 9
+   6 0
_____
```

6)
```
    5 5
    5 9
+   9 7
_____
```

7)
```
    4 0
    3 2
+   9 3
_____
```

8)
```
      6
    9 0
+   6 4
_____
```

9)
```
    8 0
    3 2
+   9 7
_____
```

10)
```
    6 9
    3 2
+   7 9
_____
```

11)
```
    8 8
    5 5
+   8 8
_____
```

12)
```
    3 3
    5 4
+   7 4
_____
```

Your hard work will pay off!

1)   73
  + _____
   172

2)   14
  + _____
   57

3)   20
  + _____
   65

4)   64
  + _____
   91

5)   67
  + _____
   160

6)   99
  + _____
   148

7)   36
  + _____
   130

8)   77
  + _____
   94

9)   82
  + _____
   162

10)   62
  + _____
   137

11)   36
  + _____
   50

12)   50
  + _____
   122

13)   15
  + _____
   102

14)   47
  + _____
   137

15)   44
  + _____
   87

16)   44
  + _____
   93

17)   54
  + _____
   92

18)   10
  + _____
   45

19)   19
  + _____
   103

20)   72
  + _____
   163

21)   70
  + _____
   96

22)   55
  + _____
   150

23)   81
  + _____
   118

24)   59
  + _____
   84

25)   81
  + _____
   134

26)   93
  + _____
   109

27)   49
  + _____
   119

28)   81
  + _____
   126

Math can be fun!

1)   72
 + 44

2)   30
 + 37

3)   90
 + 11

4)   84
 + 39

5)   65
 + 34

6)   40
 + 15

7)   16
 + 69

8)   40
 + 73

9)   34
 + 79

10)   43
 + 27

11)   25
 + 63

12)   72
 + 16

13)   65
 + 31

14)   51
 + 26

15)   28
 + 85

16)   36
 + 79

17)   30
 + 78

18)   68
 + 24

19)   47
 + 60

20)   52
 + 77

21)   46
 + 46

22)   66
 + 24

23)   68
 + 95

24)   98
 + 22

25)   14
 + 43

26)   63
 + 29

27)   89
 + 20

28)   93
 + 88

Mistakes are just a path to learning!

1)
$$\begin{array}{ccc} & 2 & 3 \\ + & & \\ \hline 1 & 0 & 2 \end{array}$$

2)
$$\begin{array}{ccc} & 4 & 2 \\ + & & \\ \hline 1 & 0 & 6 \end{array}$$

3)
$$\begin{array}{ccc} & 9 & 0 \\ + & & \\ \hline 1 & 7 & 8 \end{array}$$

4)
$$\begin{array}{ccc} & 3 & 3 \\ + & & \\ \hline & 6 & 7 \end{array}$$

5)
$$\begin{array}{ccc} & 7 & 9 \\ + & & \\ \hline 1 & 3 & 3 \end{array}$$

6)
$$\begin{array}{ccc} & 8 & 9 \\ + & & \\ \hline 1 & 0 & 8 \end{array}$$

7)
$$\begin{array}{ccc} & 2 & 3 \\ + & & \\ \hline & 9 & 0 \end{array}$$

8)
$$\begin{array}{ccc} & 8 & 0 \\ + & & \\ \hline 1 & 1 & 5 \end{array}$$

9)
$$\begin{array}{ccc} & 7 & 0 \\ + & & \\ \hline & 9 & 3 \end{array}$$

10)
$$\begin{array}{ccc} & 2 & 8 \\ + & & \\ \hline & 7 & 5 \end{array}$$

11)
$$\begin{array}{ccc} & 5 & 2 \\ + & & \\ \hline & 8 & 2 \end{array}$$

12)
$$\begin{array}{ccc} & 8 & 5 \\ + & & \\ \hline 1 & 3 & 2 \end{array}$$

13)
$$\begin{array}{ccc} & 7 & 9 \\ + & & \\ \hline 1 & 6 & 7 \end{array}$$

14)
$$\begin{array}{ccc} & 6 & 1 \\ + & & \\ \hline 1 & 1 & 1 \end{array}$$

15)
$$\begin{array}{ccc} & 8 & 0 \\ + & & \\ \hline & 9 & 2 \end{array}$$

1) 27
  + 26

2) 60
  + 50

3) 16
  + 87

4) 69
  + 34

5) 41
  + 57

6) 26
  + 18

7) 19
  + 32

8) 97
  + 83

9) 75
  + 53

10) 12
   + 12

11) 73
   + 88

12) 34
   + 67

13) 46
   + 81

14) 74
   + 86

15) 73
   + 96

16) 83
   + 33

17) 89
   + 83

18) 82
   + 17

19) 10
   + 77

20) 76
   + 93

21) 71
   + 16

22) 71
   + 64

23) 44
   + 47

24) 33
   + 20

25) 99
   + 77

26) 32
   + 33

27) 94
   + 62

28) 53
   + 67

Practice a little each day. You will get it.

1)
$$58 + \underline{} = 95$$

2)
$$79 + \underline{} = 96$$

3)
$$65 + \underline{} = 135$$

4)
$$96 + \underline{} = 130$$

5)
$$28 + \underline{} = 51$$

6)
$$71 + \underline{} = 114$$

7)
$$30 + \underline{} = 51$$

8)
$$38 + \underline{} = 120$$

9)
$$48 + \underline{} = 144$$

10)
$$28 + \underline{} = 76$$

11)
$$42 + \underline{} = 74$$

12)
$$72 + \underline{} = 118$$

13)
$$54 + \underline{} = 130$$

14)
$$33 + \underline{} = 104$$

15)
$$89 + \underline{} = 144$$

16)
$$10 + \underline{} = 26$$

17)
$$84 + \underline{} = 175$$

18)
$$38 + \underline{} = 102$$

19)
$$57 + \underline{} = 118$$

20)
$$21 + \underline{} = 73$$

21)
$$49 + \underline{} = 124$$

22)
$$71 + \underline{} = 138$$

23)
$$52 + \underline{} = 118$$

24)
$$80 + \underline{} = 176$$

25)
$$78 + \underline{} = 163$$

26)
$$39 + \underline{} = 62$$

27)
$$92 + \underline{} = 191$$

28)
$$97 + \underline{} = 134$$

Do your best!

1)
```
    5   3
    2   1
+   2   2
_____
```

2)
```
    8   6
    6   6
+       8
_____
```

3)
```
    9   4
    5   5
+   5   4
_____
```

4)
```
    3   3
    2   3
+   8   5
_____
```

5)
```
    5   1
    8   0
+   6   4
_____
```

6)
```
        7
    6   1
+   3   3
_____
```

7)
```
    8   4
        6
+       7
_____
```

8)
```
    8   4
    7   8
+   7   9
_____
```

9)
```
    4   7
    5   8
+   8   2
_____
```

10)
```
        0
    8   1
+   5   0
_____
```

11)
```
    9   1
    4   1
+   5   0
_____
```

12)
```
    1   5
    3   0
+   2   9
_____
```

You got this!

1)
```
    4   6
+
    7   2
```

2)
```
    3   4
+
    5   9
```

3)
```
    9   6
+
1   3   0
```

4)
```
    8   2
+
1   6   0
```

5)
```
    3   1
+
    9   7
```

6)
```
    1   4
+
    2   9
```

7)
```
    4   4
+
1   2   0
```

8)
```
    3   4
+
    4   5
```

9)
```
    5   2
+
    8   9
```

10)
```
    4   2
+
    9   3
```

11)
```
    4   9
+
    8   8
```

12)
```
    3   7
+
    5   3
```

13)
```
    9   1
+
1   1   4
```

14)
```
    8   3
+
1   2   5
```

15)
```
    7   8
+
1   1   2
```

Be proud of yourself for trying!

1)
```
    6   4
    5   9
+   1   7
```

2)
```
    9   9
    7   7
+   1   9
```

3)
```
    9   6
        3
+       2
```

4)
```
    7   5
    8   2
+   8   4
```

5)
```
    1   7
    5   2
+   9   6
```

6)
```
        0
    3   1
+   5   4
```

7)
```
    3   6
    7   4
+   1   5
```

8)
```
    1   1
        4
+   2   1
```

9)
```
    4   5
    9   5
+   9   5
```

10)
```
    7   6
    1   4
+   4   3
```

11)
```
        2
    6   7
+   1   1
```

12)
```
    2   4
    1   7
+   7   3
```

I know you are improving!

1)
$$\begin{array}{r} 26 \\ + \\ \hline 94 \end{array}$$

2)
$$\begin{array}{r} 65 \\ + \\ \hline 118 \end{array}$$

3)
$$\begin{array}{r} 86 \\ + \\ \hline 111 \end{array}$$

4)
$$\begin{array}{r} 59 \\ + \\ \hline 77 \end{array}$$

5)
$$\begin{array}{r} 57 \\ + \\ \hline 156 \end{array}$$

6)
$$\begin{array}{r} 55 \\ + \\ \hline 100 \end{array}$$

7)
$$\begin{array}{r} 65 \\ + \\ \hline 84 \end{array}$$

8)
$$\begin{array}{r} 90 \\ + \\ \hline 124 \end{array}$$

9)
$$\begin{array}{r} 83 \\ + \\ \hline 100 \end{array}$$

10)
$$\begin{array}{r} 33 \\ + \\ \hline 108 \end{array}$$

11)
$$\begin{array}{r} 30 \\ + \\ \hline 96 \end{array}$$

12)
$$\begin{array}{r} 65 \\ + \\ \hline 89 \end{array}$$

13)
$$\begin{array}{r} 38 \\ + \\ \hline 126 \end{array}$$

14)
$$\begin{array}{r} 43 \\ + \\ \hline 87 \end{array}$$

15)
$$\begin{array}{r} 14 \\ + \\ \hline 73 \end{array}$$

16)
$$\begin{array}{r} 20 \\ + \\ \hline 109 \end{array}$$

17)
$$\begin{array}{r} 95 \\ + \\ \hline 159 \end{array}$$

18)
$$\begin{array}{r} 50 \\ + \\ \hline 103 \end{array}$$

19)
$$\begin{array}{r} 11 \\ + \\ \hline 84 \end{array}$$

20)
$$\begin{array}{r} 23 \\ + \\ \hline 68 \end{array}$$

21)
$$\begin{array}{r} 81 \\ + \\ \hline 174 \end{array}$$

22)
$$\begin{array}{r} 56 \\ + \\ \hline 153 \end{array}$$

23)
$$\begin{array}{r} 68 \\ + \\ \hline 100 \end{array}$$

24)
$$\begin{array}{r} 36 \\ + \\ \hline 117 \end{array}$$

25)
$$\begin{array}{r} 70 \\ + \\ \hline 95 \end{array}$$

26)
$$\begin{array}{r} 47 \\ + \\ \hline 131 \end{array}$$

27)
$$\begin{array}{r} 76 \\ + \\ \hline 92 \end{array}$$

28)
$$\begin{array}{r} 16 \\ + \\ \hline 76 \end{array}$$

Take your time and relax.

1)
```
    2   2
+
1   0   9
```

2)
```
    4   4
+
    6   6
```

3)
```
    3   8
+
    9   0
```

4)
```
    3   8
+
    6   0
```

5)
```
    2   7
+
    7   7
```

6)
```
    7   9
+
1   7   7
```

7)
```
    5   5
+
    9   3
```

8)
```
    7   4
+
1   0   5
```

9)
```
    2   8
+
    5   3
```

10)
```
    2   8
+
1   2   4
```

11)
```
    7   7
+
1   5   9
```

12)
```
    7   6
+
1   0   8
```

13)
```
    1   2
+
    5   3
```

14)
```
    3   8
+
    4   9
```

15)
```
    8   8
+
1   6   3
```

You can do it! You can do it!

1)
```
  7 6
    2
+ 1 1
─────
```

2)
```
  6 2
  4 6
+ 5 6
─────
```

3)
```
  4 0
  8 6
+ 8 4
─────
```

4)
```
  8 2
    9
+ 6 0
─────
```

5)
```
  6 2
  2 2
+ 6 6
─────
```

6)
```
  8 4
  7 2
+   8
─────
```

7)
```
  9 4
  6 0
+ 4 2
─────
```

8)
```
    6
  6 1
+ 3 8
─────
```

9)
```
  3 9
  9 0
+ 6 1
─────
```

10)
```
  9 5
  1 3
+ 7 1
─────
```

11)
```
  6 9
    3
+ 1 1
─────
```

12)
```
  3 0
    4
+ 2 9
─────
```

Have patience. You will get it.

1) 40
  + 87

2) 52
  + 39

3) 21
  + 21

4) 38
  + 96

5) 50
  + 99

6) 92
  + 85

7) 78
  + 41

8) 96
  + 11

9) 21
  + 68

10) 14
  + 79

11) 48
  + 27

12) 15
  + 48

13) 25
  + 75

14) 19
  + 52

15) 90
  + 94

16) 23
  + 73

17) 87
  + 44

18) 38
  + 15

19) 17
  + 84

20) 37
  + 85

21) 30
  + 96

22) 17
  + 49

23) 39
  + 35

24) 62
  + 55

25) 45
  + 86

26) 29
  + 21

27) 92
  + 37

28) 61
  + 82

Pat yourself on the back when you finish.

1)
$$49 + \underline{\quad} = 81$$

2)
$$13 + \underline{\quad} = 112$$

3)
$$27 + \underline{\quad} = 89$$

4)
$$52 + \underline{\quad} = 143$$

5)
$$91 + \underline{\quad} = 170$$

6)
$$80 + \underline{\quad} = 173$$

7)
$$85 + \underline{\quad} = 174$$

8)
$$20 + \underline{\quad} = 117$$

9)
$$71 + \underline{\quad} = 131$$

10)
$$64 + \underline{\quad} = 115$$

11)
$$52 + \underline{\quad} = 81$$

12)
$$53 + \underline{\quad} = 70$$

13)
$$18 + \underline{\quad} = 38$$

14)
$$21 + \underline{\quad} = 56$$

15)
$$93 + \underline{\quad} = 187$$

16)
$$86 + \underline{\quad} = 130$$

17)
$$63 + \underline{\quad} = 79$$

18)
$$34 + \underline{\quad} = 71$$

19)
$$78 + \underline{\quad} = 132$$

20)
$$15 + \underline{\quad} = 77$$

21)
$$22 + \underline{\quad} = 49$$

22)
$$46 + \underline{\quad} = 119$$

23)
$$32 + \underline{\quad} = 99$$

24)
$$26 + \underline{\quad} = 93$$

25)
$$65 + \underline{\quad} = 155$$

26)
$$85 + \underline{\quad} = 110$$

27)
$$56 + \underline{\quad} = 117$$

28)
$$50 + \underline{\quad} = 132$$

Have a great math day!

1) $\begin{array}{r} 30 \\ + 12 \\ \hline \end{array}$ 2) $\begin{array}{r} 69 \\ + 52 \\ \hline \end{array}$ 3) $\begin{array}{r} 78 \\ + 93 \\ \hline \end{array}$ 4) $\begin{array}{r} 22 \\ + 33 \\ \hline \end{array}$

5) $\begin{array}{r} 49 \\ + 34 \\ \hline \end{array}$ 6) $\begin{array}{r} 74 \\ + 31 \\ \hline \end{array}$ 7) $\begin{array}{r} 45 \\ + 88 \\ \hline \end{array}$ 8) $\begin{array}{r} 54 \\ + 74 \\ \hline \end{array}$

9) $\begin{array}{r} 94 \\ + 12 \\ \hline \end{array}$ 10) $\begin{array}{r} 29 \\ + 22 \\ \hline \end{array}$ 11) $\begin{array}{r} 62 \\ + 78 \\ \hline \end{array}$ 12) $\begin{array}{r} 56 \\ + 14 \\ \hline \end{array}$

13) $\begin{array}{r} 59 \\ + 86 \\ \hline \end{array}$ 14) $\begin{array}{r} 60 \\ + 21 \\ \hline \end{array}$ 15) $\begin{array}{r} 93 \\ + 22 \\ \hline \end{array}$ 16) $\begin{array}{r} 93 \\ + 91 \\ \hline \end{array}$

17) $\begin{array}{r} 15 \\ + 66 \\ \hline \end{array}$ 18) $\begin{array}{r} 78 \\ + 23 \\ \hline \end{array}$ 19) $\begin{array}{r} 29 \\ + 97 \\ \hline \end{array}$ 20) $\begin{array}{r} 29 \\ + 57 \\ \hline \end{array}$

21) $\begin{array}{r} 11 \\ + 33 \\ \hline \end{array}$ 22) $\begin{array}{r} 48 \\ + 37 \\ \hline \end{array}$ 23) $\begin{array}{r} 34 \\ + 69 \\ \hline \end{array}$ 24) $\begin{array}{r} 13 \\ + 19 \\ \hline \end{array}$

25) $\begin{array}{r} 92 \\ + 54 \\ \hline \end{array}$ 26) $\begin{array}{r} 32 \\ + 19 \\ \hline \end{array}$ 27) $\begin{array}{r} 92 \\ + 30 \\ \hline \end{array}$ 28) $\begin{array}{r} 20 \\ + 19 \\ \hline \end{array}$

Practice, practice, practice!

1)
```
    3   4
    5   3
+   7   0
─────────
```

2)
```
    3   4
    9   8
+       8
─────────
```

3)
```
    6   1
    8   0
+   7   5
─────────
```

4)
```
    6   8
    4   0
+   1   0
─────────
```

5)
```
    1   1
    3   1
+   6   6
─────────
```

6)
```
    3   0
    5   8
+   7   1
─────────
```

7)
```
    8   5
    3   6
+   9   3
─────────
```

8)
```
    9   9
    5   0
+   8   3
─────────
```

9)
```
    5   4
    5   0
+   8   0
─────────
```

10)
```
    8   4
    1   4
+   8   5
─────────
```

11)
```
    3   6
        4
+   5   6
─────────
```

12)
```
    8   3
    2   6
+   5   4
─────────
```

You are so smart. Keep up the good work!

1) $\begin{array}{r} 56 \\ + 84 \\ \hline \end{array}$
2) $\begin{array}{r} 75 \\ + 33 \\ \hline \end{array}$
3) $\begin{array}{r} 66 \\ + 90 \\ \hline \end{array}$
4) $\begin{array}{r} 67 \\ + 76 \\ \hline \end{array}$

5) $\begin{array}{r} 17 \\ + 19 \\ \hline \end{array}$
6) $\begin{array}{r} 43 \\ + 96 \\ \hline \end{array}$
7) $\begin{array}{r} 47 \\ + 65 \\ \hline \end{array}$
8) $\begin{array}{r} 42 \\ + 83 \\ \hline \end{array}$

9) $\begin{array}{r} 67 \\ + 38 \\ \hline \end{array}$
10) $\begin{array}{r} 71 \\ + 83 \\ \hline \end{array}$
11) $\begin{array}{r} 67 \\ + 25 \\ \hline \end{array}$
12) $\begin{array}{r} 73 \\ + 15 \\ \hline \end{array}$

13) $\begin{array}{r} 91 \\ + 49 \\ \hline \end{array}$
14) $\begin{array}{r} 68 \\ + 30 \\ \hline \end{array}$
15) $\begin{array}{r} 29 \\ + 30 \\ \hline \end{array}$
16) $\begin{array}{r} 21 \\ + 87 \\ \hline \end{array}$

17) $\begin{array}{r} 80 \\ + 26 \\ \hline \end{array}$
18) $\begin{array}{r} 22 \\ + 59 \\ \hline \end{array}$
19) $\begin{array}{r} 48 \\ + 24 \\ \hline \end{array}$
20) $\begin{array}{r} 47 \\ + 43 \\ \hline \end{array}$

21) $\begin{array}{r} 57 \\ + 11 \\ \hline \end{array}$
22) $\begin{array}{r} 26 \\ + 17 \\ \hline \end{array}$
23) $\begin{array}{r} 16 \\ + 29 \\ \hline \end{array}$
24) $\begin{array}{r} 32 \\ + 81 \\ \hline \end{array}$

25) $\begin{array}{r} 69 \\ + 53 \\ \hline \end{array}$
26) $\begin{array}{r} 81 \\ + 38 \\ \hline \end{array}$
27) $\begin{array}{r} 88 \\ + 83 \\ \hline \end{array}$
28) $\begin{array}{r} 44 \\ + 46 \\ \hline \end{array}$

Don't doubt yourself. You got this!

1)
```
  1 0
  4 7
+ 9 9
─────
```

2)
```
  1 3
  4 5
+ 7 4
─────
```

3)
```
  8 1
  3 9
+ 2 0
─────
```

4)
```
  6 1
  6 1
+ 1 2
─────
```

5)
```
  2 9
  8 7
+ 2 8
─────
```

6)
```
  7 3
  1 9
+ 9 2
─────
```

7)
```
  9 9
  8 4
+ 4 0
─────
```

8)
```
  4 0
  4 6
+ 3 3
─────
```

9)
```
  7 1
  9 6
+ 9 8
─────
```

10)
```
  8 1
    5
+ 5 3
─────
```

11)
```
  6 8
  2 5
+ 1 3
─────
```

12)
```
  1 3
    4
+ 8 5
─────
```

Hey smart person. You are doing great!

1)
$$\begin{array}{r} 5\ 2 \\ + \\ \hline 6\ 8 \end{array}$$

2)
$$\begin{array}{r} 7\ 7 \\ + \\ \hline 1\ 6\ 0 \end{array}$$

3)
$$\begin{array}{r} 9\ 6 \\ + \\ \hline 1\ 4\ 8 \end{array}$$

4)
$$\begin{array}{r} 9\ 7 \\ + \\ \hline 1\ 2\ 8 \end{array}$$

5)
$$\begin{array}{r} 7\ 6 \\ + \\ \hline 1\ 2\ 0 \end{array}$$

6)
$$\begin{array}{r} 5\ 9 \\ + \\ \hline 1\ 4\ 1 \end{array}$$

7)
$$\begin{array}{r} 4\ 0 \\ + \\ \hline 1\ 1\ 8 \end{array}$$

8)
$$\begin{array}{r} 1\ 8 \\ + \\ \hline 5\ 0 \end{array}$$

9)
$$\begin{array}{r} 4\ 4 \\ + \\ \hline 1\ 2\ 9 \end{array}$$

10)
$$\begin{array}{r} 8\ 2 \\ + \\ \hline 1\ 4\ 4 \end{array}$$

11)
$$\begin{array}{r} 9\ 6 \\ + \\ \hline 1\ 6\ 9 \end{array}$$

12)
$$\begin{array}{r} 5\ 9 \\ + \\ \hline 8\ 3 \end{array}$$

13)
$$\begin{array}{r} 4\ 7 \\ + \\ \hline 1\ 3\ 9 \end{array}$$

14)
$$\begin{array}{r} 3\ 6 \\ + \\ \hline 1\ 2\ 8 \end{array}$$

15)
$$\begin{array}{r} 4\ 1 \\ + \\ \hline 1\ 2\ 5 \end{array}$$

It's a great math day!

1)
$$\begin{array}{r} 3\ 3 \\ +\ \ \\ \hline 1\ 1\ 2 \end{array}$$

2)
$$\begin{array}{r} 7\ 7 \\ +\ \ \\ \hline \ 8\ 9 \end{array}$$

3)
$$\begin{array}{r} 3\ 4 \\ +\ \ \\ \hline \ 7\ 6 \end{array}$$

4)
$$\begin{array}{r} 5\ 8 \\ +\ \ \\ \hline \ 9\ 3 \end{array}$$

5)
$$\begin{array}{r} 7\ 4 \\ +\ \ \\ \hline 1\ 4\ 3 \end{array}$$

6)
$$\begin{array}{r} 6\ 7 \\ +\ \ \\ \hline 1\ 3\ 9 \end{array}$$

7)
$$\begin{array}{r} 1\ 9 \\ +\ \ \\ \hline \ 8\ 7 \end{array}$$

8)
$$\begin{array}{r} 1\ 0 \\ +\ \ \\ \hline \ 6\ 7 \end{array}$$

9)
$$\begin{array}{r} 1\ 1 \\ +\ \ \\ \hline \ 3\ 7 \end{array}$$

10)
$$\begin{array}{r} 2\ 5 \\ +\ \ \\ \hline 1\ 2\ 3 \end{array}$$

11)
$$\begin{array}{r} 8\ 0 \\ +\ \ \\ \hline 1\ 2\ 4 \end{array}$$

12)
$$\begin{array}{r} 6\ 3 \\ +\ \ \\ \hline 1\ 3\ 7 \end{array}$$

13)
$$\begin{array}{r} 3\ 0 \\ +\ \ \\ \hline \ 5\ 6 \end{array}$$

14)
$$\begin{array}{r} 2\ 5 \\ +\ \ \\ \hline \ 3\ 9 \end{array}$$

15)
$$\begin{array}{r} 5\ 4 \\ +\ \ \\ \hline \ 7\ 9 \end{array}$$

Don't give up. You will succeed!

1)
```
    8  1
+
 1  0  1
```

2)
```
    5  4
+
 1  3  4
```

3)
```
    6  8
+
 1  2  7
```

4)
```
    6  6
+
 1  6  2
```

5)
```
    8  6
+
 1  1  7
```

6)
```
    5  0
+
 1  1  2
```

7)
```
    4  8
+
 1  2  9
```

8)
```
    6  3
+
 1  3  8
```

9)
```
    2  1
+
    3  1
```

10)
```
    1  8
+
    3  3
```

11)
```
    7  3
+
 1  4  5
```

12)
```
    8  3
+
 1  0  3
```

13)
```
    8  4
+
    9  8
```

14)
```
    6  4
+
    9  2
```

15)
```
    8  1
+
 1  4  6
```

Challenges make you stronger.

1)
$$37 + 15$$

2)
$$38 + 34$$

3)
$$68 + 32$$

4)
$$19 + 58$$

5)
$$35 + 67$$

6)
$$54 + 28$$

7)
$$40 + 24$$

8)
$$40 + 93$$

9)
$$26 + 18$$

10)
$$99 + 65$$

11)
$$24 + 15$$

12)
$$19 + 15$$

13)
$$93 + 32$$

14)
$$56 + 14$$

15)
$$38 + 14$$

16)
$$83 + 20$$

17)
$$75 + 72$$

18)
$$70 + 46$$

19)
$$90 + 13$$

20)
$$96 + 14$$

21)
$$50 + 25$$

22)
$$27 + 53$$

23)
$$82 + 15$$

24)
$$35 + 85$$

25)
$$38 + 92$$

26)
$$39 + 69$$

27)
$$51 + 86$$

28)
$$96 + 36$$

You will achieve your goals with hard work.

1)
```
   40
+  60
```

2)
```
   45
+  30
```

3)
```
   51
+  60
```

4)
```
   76
+  18
```

5)
```
   37
+  26
```

6)
```
   91
+  88
```

7)
```
   15
+  77
```

8)
```
   86
+  47
```

9)
```
   25
+  39
```

10)
```
   67
+  70
```

11)
```
   56
+  17
```

12)
```
   22
+  35
```

13)
```
   54
+  45
```

14)
```
   14
+  84
```

15)
```
   93
+  84
```

16)
```
   38
+  45
```

17)
```
   97
+  82
```

18)
```
   64
+  46
```

19)
```
   62
+  86
```

20)
```
   50
+  76
```

21)
```
   81
+  18
```

22)
```
   58
+  61
```

23)
```
   98
+  47
```

24)
```
   79
+  68
```

25)
```
   82
+  45
```

26)
```
   98
+  80
```

27)
```
   64
+  38
```

28)
```
   25
+  63
```

You did it! You should be proud!

1) $\begin{array}{r} 74 \\ + \\ \hline 91 \end{array}$

2) $\begin{array}{r} 52 \\ + \\ \hline 105 \end{array}$

3) $\begin{array}{r} 31 \\ + \\ \hline 88 \end{array}$

4) $\begin{array}{r} 29 \\ + \\ \hline 73 \end{array}$

5) $\begin{array}{r} 24 \\ + \\ \hline 52 \end{array}$

6) $\begin{array}{r} 94 \\ + \\ \hline 154 \end{array}$

7) $\begin{array}{r} 87 \\ + \\ \hline 100 \end{array}$

8) $\begin{array}{r} 57 \\ + \\ \hline 152 \end{array}$

9) $\begin{array}{r} 93 \\ + \\ \hline 118 \end{array}$

10) $\begin{array}{r} 34 \\ + \\ \hline 45 \end{array}$

11) $\begin{array}{r} 91 \\ + \\ \hline 177 \end{array}$

12) $\begin{array}{r} 54 \\ + \\ \hline 111 \end{array}$

13) $\begin{array}{r} 15 \\ + \\ \hline 81 \end{array}$

14) $\begin{array}{r} 76 \\ + \\ \hline 126 \end{array}$

15) $\begin{array}{r} 85 \\ + \\ \hline 145 \end{array}$

16) $\begin{array}{r} 36 \\ + \\ \hline 101 \end{array}$

17) $\begin{array}{r} 90 \\ + \\ \hline 168 \end{array}$

18) $\begin{array}{r} 98 \\ + \\ \hline 188 \end{array}$

19) $\begin{array}{r} 61 \\ + \\ \hline 138 \end{array}$

20) $\begin{array}{r} 67 \\ + \\ \hline 151 \end{array}$

21) $\begin{array}{r} 58 \\ + \\ \hline 90 \end{array}$

22) $\begin{array}{r} 65 \\ + \\ \hline 90 \end{array}$

23) $\begin{array}{r} 69 \\ + \\ \hline 118 \end{array}$

24) $\begin{array}{r} 84 \\ + \\ \hline 121 \end{array}$

25) $\begin{array}{r} 23 \\ + \\ \hline 54 \end{array}$

26) $\begin{array}{r} 10 \\ + \\ \hline 104 \end{array}$

27) $\begin{array}{r} 98 \\ + \\ \hline 181 \end{array}$

28) $\begin{array}{r} 59 \\ + \\ \hline 139 \end{array}$

Solutions

Page 1, Item 1:
(1)50 (2)129 (3)139 (4)131 (5)167 (6)125
(7)74 (8)112 (9)76 (10)57 (11)86 (12)122
(13)71 (14)70 (15)158 (16)141 (17)68
(18)114 (19)131 (20)143 (21)97 (22)188
(23)69 (24)96 (25)89 (26)128 (27)80
(28)66

Page 2, Item 1:
(1)50 (2)92 (3)72 (4)24 (5)41 (6)87 (7)78
(8)38 (9)87 (10)63 (11)86 (12)52 (13)75
(14)89 (15)97 (16)24 (17)73 (18)60 (19)35
(20)33 (21)33 (22)38 (23)45 (24)35 (25)73
(26)27 (27)95 (28)43

Page 3, Item 1:
(1)25 (2)92 (3)46 (4)20 (5)55 (6)29 (7)84
(8)82 (9)91 (10)65 (11)26 (12)18 (13)39
(14)25 (15)22 (16)10 (17)77 (18)11 (19)11
(20)87 (21)75 (22)88 (23)99 (24)68 (25)11
(26)77 (27)41 (28)57

Page 4, Item 1:
(1)38 (2)97 (3)211 (4)120 (5)203 (6)85
(7)104 (8)212 (9)138 (10)131 (11)57
(12)235

Page 5, Item 1:
(1)168 (2)151 (3)176 (4)231 (5)78 (6)129
(7)138 (8)133 (9)175 (10)193 (11)107
(12)207

Page 6, Item 1:
(1)63 (2)67 (3)28 (4)69 (5)84 (6)90 (7)49
(8)56 (9)63 (10)18 (11)74 (12)90 (13)32
(14)91 (15)55

Page 7, Item 1:
(1)172 (2)142 (3)74 (4)109 (5)108 (6)84
(7)140 (8)65 (9)136 (10)111 (11)106
(12)109 (13)100 (14)50 (15)61 (16)35
(17)109 (18)39 (19)139 (20)121 (21)129

(22)98 (23)100 (24)157 (25)91 (26)119
(27)147 (28)137

Page 8, Item 1:
(1)60 (2)85 (3)67 (4)49 (5)14 (6)73 (7)84
(8)33 (9)47 (10)16 (11)19 (12)34 (13)59
(14)50 (15)47 (16)18 (17)44 (18)76 (19)65
(20)65 (21)44 (22)81 (23)24 (24)17 (25)50
(26)73 (27)48 (28)34

Page 9, Item 1:
(1)99 (2)14 (3)17 (4)18 (5)14 (6)32 (7)49
(8)70 (9)26 (10)30 (11)73 (12)25 (13)90
(14)85 (15)40

Page 10, Item 1:
(1)65 (2)79 (3)39 (4)84 (5)15 (6)17 (7)54
(8)97 (9)37 (10)44 (11)61 (12)26 (13)15
(14)56 (15)47 (16)33 (17)98 (18)88 (19)42
(20)58 (21)35 (22)27 (23)82 (24)72 (25)71
(26)37 (27)79 (28)13

Page 11, Item 1:
(1)92 (2)56 (3)85 (4)80 (5)16 (6)11 (7)86
(8)79 (9)89 (10)83 (11)12 (12)96 (13)77
(14)65 (15)35

Page 12, Item 1:
(1)147 (2)201 (3)134 (4)208 (5)158 (6)55
(7)120 (8)156 (9)108 (10)112 (11)139
(12)161

Page 13, Item 1:
(1)22 (2)40 (3)12 (4)66 (5)67 (6)77 (7)84
(8)37 (9)81 (10)77 (11)88 (12)31 (13)10
(14)11 (15)30

Page 14, Item 1:
(1)70 (2)17 (3)78 (4)15 (5)77 (6)45 (7)62
(8)27 (9)33 (10)30 (11)75 (12)99 (13)13
(14)95 (15)79

Page 15, Item 1:
(1)86 (2)20 (3)43 (4)43 (5)58 (6)14 (7)10
(8)90 (9)83 (10)31 (11)37 (12)45 (13)82
(14)22 (15)46

Page 16, Item 1:
(1)146 (2)122 (3)155 (4)95 (5)177 (6)81
(7)124 (8)88 (9)115 (10)125 (11)84
(12)183 (13)129 (14)156 (15)169 (16)67
(17)143 (18)103 (19)129 (20)52 (21)137
(22)129 (23)50 (24)153 (25)131 (26)114
(27)151 (28)90

Page 17, Item 1:
(1)174 (2)56 (3)135 (4)91 (5)194 (6)211
(7)165 (8)160 (9)209 (10)180 (11)231
(12)161

Page 18, Item 1:
(1)99 (2)43 (3)45 (4)27 (5)93 (6)49 (7)94
(8)17 (9)80 (10)75 (11)14 (12)72 (13)87
(14)90 (15)43 (16)49 (17)38 (18)35 (19)84
(20)91 (21)26 (22)95 (23)37 (24)25 (25)53
(26)16 (27)70 (28)45

Page 19, Item 1:
(1)116 (2)67 (3)101 (4)123 (5)99 (6)55
(7)85 (8)113 (9)113 (10)70 (11)88 (12)88
(13)96 (14)77 (15)113 (16)115 (17)108
(18)92 (19)107 (20)129 (21)92 (22)90
(23)163 (24)120 (25)57 (26)92 (27)109
(28)181

Page 20, Item 1:
(1)79 (2)64 (3)88 (4)34 (5)54 (6)19 (7)67
(8)35 (9)23 (10)47 (11)30 (12)47 (13)88
(14)50 (15)12

Page 21, Item 1:
(1)53 (2)110 (3)103 (4)103 (5)98 (6)44
(7)51 (8)180 (9)128 (10)24 (11)161
(12)101 (13)127 (14)160 (15)169 (16)116
(17)172 (18)99 (19)87 (20)169 (21)87
(22)135 (23)91 (24)53 (25)176 (26)65
(27)156 (28)120

Page 22, Item 1:
(1)37 (2)17 (3)70 (4)34 (5)23 (6)43 (7)21
(8)82 (9)96 (10)48 (11)32 (12)46 (13)76
(14)71 (15)55 (16)16 (17)91 (18)64 (19)61
(20)52 (21)75 (22)67 (23)66 (24)96 (25)85
(26)23 (27)99 (28)37

Page 23, Item 1:
(1)96 (2)160 (3)203 (4)141 (5)195 (6)101
(7)97 (8)241 (9)187 (10)131 (11)182
(12)74

Page 24, Item 1:
(1)26 (2)25 (3)34 (4)78 (5)66 (6)15 (7)76
(8)11 (9)37 (10)51 (11)39 (12)16 (13)23
(14)42 (15)34

Page 25, Item 1:
(1)140 (2)195 (3)101 (4)241 (5)165 (6)85
(7)125 (8)36 (9)235 (10)133 (11)80
(12)114

Page 26, Item 1:
(1)68 (2)53 (3)25 (4)18 (5)99 (6)45 (7)19
(8)34 (9)17 (10)75 (11)66 (12)24 (13)88
(14)44 (15)59 (16)89 (17)64 (18)53 (19)73
(20)45 (21)93 (22)97 (23)32 (24)81 (25)25
(26)84 (27)16 (28)60

Page 27, Item 1:
(1)87 (2)22 (3)52 (4)22 (5)50 (6)98 (7)38
(8)31 (9)25 (10)96 (11)82 (12)32 (13)41
(14)11 (15)75

Page 28, Item 1:
(1)89 (2)164 (3)210 (4)151 (5)150 (6)164
(7)196 (8)105 (9)190 (10)179 (11)83
(12)63

Page 29, Item 1:
(1)127 (2)91 (3)42 (4)134 (5)149 (6)177
(7)119 (8)107 (9)89 (10)93 (11)75 (12)63
(13)100 (14)71 (15)184 (16)96 (17)131
(18)53 (19)101 (20)122 (21)126 (22)66
(23)74 (24)117 (25)131 (26)50 (27)129
(28)143

Page 30, Item 1:
(1)32 (2)99 (3)62 (4)91 (5)79 (6)93 (7)89
(8)97 (9)60 (10)51 (11)29 (12)17 (13)20
(14)35 (15)94 (16)44 (17)16 (18)37 (19)54
(20)62 (21)27 (22)73 (23)67 (24)67 (25)90
(26)25 (27)61 (28)82

Page 31, Item 1:
(1)42 (2)121 (3)171 (4)55 (5)83 (6)105
(7)133 (8)128 (9)106 (10)51 (11)140
(12)70 (13)145 (14)81 (15)115 (16)184
(17)81 (18)101 (19)126 (20)86 (21)44
(22)85 (23)103 (24)32 (25)146 (26)51
(27)122 (28)39

Page 32, Item 1:
(1)157 (2)140 (3)216 (4)118 (5)108 (6)159

(7)214 (8)232 (9)184 (10)183 (11)96
(12)163

Page 33, Item 1:
(1)140 (2)108 (3)156 (4)143 (5)36 (6)139
(7)112 (8)125 (9)105 (10)154 (11)92
(12)88 (13)140 (14)98 (15)59 (16)108
(17)106 (18)81 (19)72 (20)90 (21)68
(22)43 (23)45 (24)113 (25)122 (26)119
(27)171 (28)90

Page 34, Item 1:
(1)156 (2)132 (3)140 (4)134 (5)144 (6)184
(7)223 (8)119 (9)265 (10)139 (11)106
(12)102

Page 35, Item 1:
(1)16 (2)83 (3)52 (4)31 (5)44 (6)82 (7)78
(8)32 (9)85 (10)62 (11)73 (12)24 (13)92
(14)92 (15)84

Page 36, Item 1:
(1)79 (2)12 (3)42 (4)35 (5)69 (6)72 (7)68
(8)57 (9)26 (10)98 (11)44 (12)74 (13)26
(14)14 (15)25

Page 37, Item 1:
(1)20 (2)80 (3)59 (4)96 (5)31 (6)62 (7)81
(8)75 (9)10 (10)15 (11)72 (12)20 (13)14
(14)28 (15)65

Page 38, Item 1:
(1)52 (2)72 (3)100 (4)77 (5)102 (6)82
(7)64 (8)133 (9)44 (10)164 (11)39 (12)34

(13)125 (14)70 (15)52 (16)103 (17)147
(18)116 (19)103 (20)110 (21)75 (22)80
(23)97 (24)120 (25)130 (26)108 (27)137
(28)132

Page 39, Item 1:
(1)100 (2)75 (3)111 (4)94 (5)63 (6)179
(7)92 (8)133 (9)64 (10)137 (11)73 (12)57
(13)99 (14)98 (15)177 (16)83 (17)179
(18)110 (19)148 (20)126 (21)99 (22)119
(23)145 (24)147 (25)127 (26)178 (27)102
(28)88

Page 40, Item 1:
(1)17 (2)53 (3)57 (4)44 (5)28 (6)60 (7)13
(8)95 (9)25 (10)11 (11)86 (12)57 (13)66
(14)50 (15)60 (16)65 (17)78 (18)90 (19)77
(20)84 (21)32 (22)25 (23)49 (24)37 (25)31
(26)94 (27)83 (28)80